生态
STEAM

家庭趣味
实验课

我们种的庄稼

[英]乔治亚·阿姆森－布拉德肖 著

罗英华 译

GUANGXI NORMAL UNIVERSITY PRESS
广西师范大学出版社
·桂林·

WOMEN ZHONG DE ZHUANGJIA

出版统筹：汤文辉   美术编辑：卜翠红
品牌总监：耿　磊   版权联络：郭晓晨　张立飞
选题策划：耿　磊   营销编辑：钟小文
责任编辑：戚　浩   责任技编：王增元　郭　鹏
助理编辑：王丽杰

图书在版编目（CIP）数据

我们种的庄稼 /（英）乔治亚·阿姆森-布拉德肖著；
罗英华译. —桂林：广西师范大学出版社，2021.3
　（生态 STEAM 家庭趣味实验课）
　书名原文：The Crops We Grow
　ISBN 978-7-5598-3547-5

　Ⅰ．①我… Ⅱ．①乔… ②罗… Ⅲ．①农业技术－青
少年读物 Ⅳ．①S-49

中国版本图书馆 CIP 数据核字（2021）第 006961 号

广西师范大学出版社出版发行

（ 广西桂林市五里店路 9 号　邮政编码：541004 ）
（ 网址：http://www.bbtpress.com ）

出版人：黄轩庄

全国新华书店经销

北京博海升彩色印刷有限公司印刷

（北京市通州区中关村科技园通州园金桥科技产业基地环宇路 6 号　邮政编码：100076）

开本：889 mm × 1 120 mm　1/16

印张：3.5　　　字数：81 千字

2021 年 3 月第 1 版　　2021 年 3 月第 1 次印刷

审图号：GS（2020）3676 号

定价：68.00 元

如发现印装质量问题，影响阅读，请与出版社发行部门联系调换。

contents
目录

世界上的农业

早在几千年前，人类就开始种植庄稼。农业生产是一项古老的活动，它塑造了地球的面貌。现如今，地球上大片大片的土地都被人类用来种植庄稼了。在世界各地，人们根据不同地域的自然条件和自己的口味，采用多种多样的科技，将适宜的农作物种植在各种环境之中。

小麦和大麦等粮食作物在古埃及十分重要

在英国，超过 71% 的土地被用于农业生产。在南非的一些国家，这一比例甚至超过 80%。

多种多样的技术

农业生产是一项远比我们想象的更加依赖科技的活动。在不同地区种植不同的农作物，所采用的科技五花八门。有的地区的种植技术千百年来一直保持不变，而在另一些地区，新的科技发展正在彻底改变水果、蔬菜和谷物的传统种植方式。

传统与现代

在菲律宾等国的一些地势陡峭的地区，水稻都被种植在梯田当中。人们根据山坡的走势，将稻田耕耘成一阶一阶的，就成了梯田。在水稻的生长阶段，人们会在梯田中灌满水，到了收获的季节再把水排干。这种耕种技术已经沿用了上千年。在澳大利亚，一种利用太阳能在沙漠中种植西红柿的新技术已经开始投入使用。西红柿生长在温室中的无土栽培种植床上，人们利用淡化后的海水灌溉。

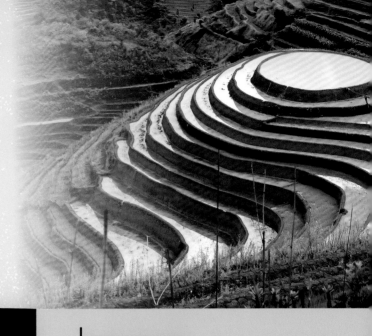

大大小小

不同的农场在规模和经营方式上都有很大的不同。在全球范围内，有 84% 的耕地都属于面积十分狭小（平均面积不超过 20 000 平方米，只大概相当于三个足球场面积的大小）的类型。因此，在有些国家，大部分都是小型农场，人们只能利用畜力或人力进行耕种。而另一些国家则以大型农场为主，有些农场的面积甚至能达到几万平方米。在这些大型农场中，犁地和收割等采用机械化方式。

关注点：
自给自足的农民

自给自足的农民在狭小的耕地上，耕种出的是仅供自己和家人食用的粮食。而那些从大型农场收获的农作物，则会被投入巨大的贸易系统当中，销往世界各地。

自给自足的方式下，农民种植仅供自己食用的粮食

农业的影响

　　世界各地的许多农民都已经开始采用可持续的方式种植粮食。但是，还有很多国家仍然使用着不可持续的耕种方式（这些耕种方式将造成严重的生态破坏，使得耕种不能持续进行）。不可持续的农业生产模式会造成土壤和地下水流失，加剧气候变化，对野生动物产生巨大的负面影响。

不可持续的耕种方式

　　年复一年地在同一片土地上播种同一种农作物，会耗尽土壤中的营养成分，导致土壤变得十分贫瘠。于是，人们选择施加大量的化肥保障农作物的生长。但是，化肥的来源是有限的。同时，因为农田里往往只有一种植物，生态系统中植物、捕食者和猎物共同生长的自然生态平衡就会被破坏，某些害虫和杂草就会肆无忌惮地生长。在这样的情况下，人们就需要投入更多的除草剂和杀虫剂来保护农作物。关于杀虫剂的详细内容，你可以翻到第 24~25 页进行阅读。

农田里，人们正在喷洒杀虫剂

关注点：
单种栽培

单种栽培，是指在一个特定地区年复一年地栽培同一种农作物，如小·麦或者大豆。通常而言，单种栽培的农田面积会很大。

大豆

气候变化

密集型单种栽培是导致气候变化的重要原因之一。加工化肥和杀虫剂的过程会释放出大量温室气体，导致全球气候变暖。健康的土壤是碳元素的自然储存库，但是当土壤被密集型单种栽培的农作物侵蚀时，储存在土壤中的碳元素就会被释放到大气当中。同时，密集型单种栽培还依赖大量的重型机械，如拖拉机和收割机，这些机械在工作过程中，也会排放大量的温室气体。

积重难返

农业生产加剧了气候变化，气候变化会带来干旱和其他难以预测的气候灾难，这些气候灾难又给我们的农业生产带来威胁和损害，我们只好进一步通过密集型单种栽培增加粮食产量，于是就形成了一个恶性循环。土壤流失问题也是如此，因为土壤贫瘠导致粮食产量下降，人们只好通过施加化肥保障粮食生产，但是化肥会进一步破坏土壤的自然平衡，让土壤变得更加难以耕种。这也是一个恶性循环。以上种种问题，都降低了农业生产的能力。

随着世界人口数量不断增长，人类需要在同一片耕地上，采用可持续的耕种方式，生产出更多的粮食。
接着往下看，了解更多我们面临的挑战和解决问题的方法吧！

热带雨林被破坏

热带雨林是地球上十分重要和神奇的动植物栖息地之一。仅亚马孙热带雨林的物种资源便占全球陆地物种资源的 $\frac{1}{5}$ 以上。热带雨林不仅是许许多多生物的家园，而且在维持地球的宜居性上，发挥着重要作用。热带雨林能够保持全球气候和降雨量的平衡。生长在其中的植物能够吸收大量的碳元素，有助于稳固空气中的二氧化碳含量。

警告：热带雨林被破坏

热带雨林被破坏是由砍伐和焚烧导致的。世界上每 1 秒钟就有约 3 500 平方米的热带雨林被砍伐，大概相当于半个足球场那么大的面积。这对我们的气候和生物多样性造成了可怕的影响。由于热带雨林储存了大量的碳元素，每年砍伐和焚烧热带雨林带来的碳排放加剧了全球变暖。同时，如果没有热带雨林调节降水，干旱也会变得更加频繁和普遍——这将对人类社会造成致命的打击。

地球上大约 **30%** 的氧气来自亚马孙热带雨林。

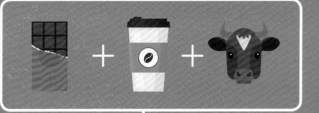

如果人类的方式不发生改变，在未来 25 年内，地球上一半的动植物物种将会消失。

为什么要砍伐森林?

砍伐森林的原因有很多，包括满足对矿产和木材的需求等，但最重要的一个原因是为生产活动开垦新的土地。其中很大一部分是为了给畜牧业开辟空间，不仅包括放牧的空间，还包括为牲畜种植大豆等饲料的空间。除此之外，一些经济作物的种植也需要更大空间。在亚洲、非洲和中南美洲一些国家，农民通过种植咖啡豆和制作巧克力的可可豆等农作物谋生，他们会把收获的农作物出售给其他国家的人们。

经济作物

经济作物是指像可可这样给食品工业提供原料的农作物，而不是直接用来食用或者保护土壤的农作物。

可可果

可可豆

人类与地球

尽管我们都知道保护热带雨林是必要的，但是那些以破坏热带雨林、开垦土地为生的人该怎么办? 一些国家的农民没有其他经济来源只能依靠其他国家的人购买他们种植的可可豆和咖啡豆维持自己和家人的生活，这是唯一的生计，没有别的选择。那么，这些人要怎样做才能在保护热带雨林完整的同时还能养活自己和家人呢?

栖息地被破坏

栖息地是动物和植物的家园，往往在一个固定的区域，包含岩石、土壤等环境因素，是一个完整的生态圈。栖息地可以为动物提供食物、住所，动物在这里可以自由自在地生活和繁衍。

生物适应

生物适应了它们的栖息地。比方说，热带雨林地面上的很多植物都已经适应了阴暗潮湿的环境和肥沃的土壤。热带雨林中的很多动物都会进行伪装，让自己和周围的环境融为一体。而热带雨林中的鸟类，可以在高而密的树枝和树叶层上面筑巢。此外，每种生物的数量都会受到环境和其他生物的影响。所有一切都在平衡之中。可一旦雨林中的树木被砍掉了，这种自然平衡就被破坏了。

在我们眼里，一块农田、一个牧场，与一条马路、一栋大厦相比，可能已经够"天然"了。但是，对于生活在森林中的生物而言，在农田和牧场里生活，却是完全不够的。

连锁反应

对某处栖息地的破坏也会对其周围的其他栖息地和生态系统产生影响。比如，树能够减缓雨水到达地面的速度。树木被砍伐之后，雨水会直接冲刷土壤，造成水土流失。大量的土壤进入河流，最后进入大海，也会对大海产生污染，损害海洋生态系统，进一步破坏生物多样性，从而形成连锁反应。你还可以翻到第 16~17 页，阅读更多关于土壤流失的内容。

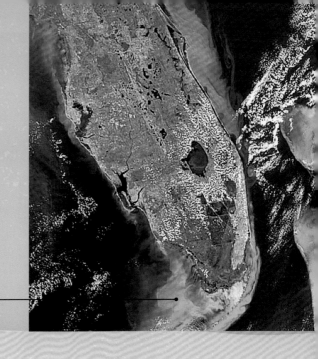

从高空中可以看到，一场暴雨过后，大量土壤流入了美国佛罗里达州附近的海域

关注点：
生物多样性

各类栖息地中多姿多彩的动植物种类，构成了生物多样性。生物拥有更多种类的栖息地，则更能保持整体健康，即使其中的某一个物种灭绝，也能够维持生态平衡。

栖息地与人类

良好的栖息地不仅对于生活在其中的动植物十分重要，对于人类也非常重要。良好的栖息地能够保障生物多样性，而人类需要茂密的森林释放出可供生存的氧气，需要各种各样的昆虫为农作物授粉（了解更多授粉者的相关内容，请翻到第 24~25 页），此外，还要依靠自然植被保持水土，减少水污染以及山洪、泥石流等灾害的发生。

解决它！
种地不砍树

砍伐热带雨林，开垦土地种植咖啡树，会破坏动植物的栖息地，消耗土壤中的养分。但是，农民需要种植咖啡树养家糊口。来看看下面这些事实，你能找到一种既不破坏热带雨林，又能让农民谋生的解决方案吗？

事实一

农民为了种植咖啡树而砍伐森林。但几年过后，这片土壤中的养分被耗尽，农民只好再去破坏更多的热带雨林，开垦适合种植咖啡树的新土地。

事实二

热带雨林中的乔木都非常高大。这些乔木的顶部被称为"树冠"。

事实三

热带雨林的树冠区是非常重要的动物栖息地，是很多生物觅食和筑巢的地方。

事实五

咖啡树是矮小的植物。和其他作物不同，它可以在阴凉的地方生长。它确实需要肥沃的土壤，才能年复一年地生长、收获。

事实四

热带雨林的地面是相对阴凉的地方，从高大的树木上落下来的树叶会在那里腐烂，成为土壤的养分。矮小的植物可以在肥沃的土壤中生长。

你能解决吗？

结合上面提到的这些事实，想想看，农民应该怎样改进他们的耕作方式？

你能不能想出一个解决方案，达到以下要求：

▶ 农民可以继续种植咖啡树。

▶ 农民不用非要每隔几年就砍伐一片热带雨林，开垦肥沃的新土地。

▶ 热带雨林中重要的栖息地可以得到保留。

在一张海报上画出你的解决方案，记得用标签进行解释哦！

还不确定？翻到第 42 页看看答案吧！

试试看！
混合蔬菜园项目

你可能没法在家里种出一片热带雨林或者咖啡树，但是你可以尝试把喜阳和喜阴的可食用植物混种在一起。最好在春末做这个小实验。

你会用到：

- 一块土地，或者一个很大很深、底部有排水孔的花盆
- 混合肥料
- 西红柿种子和生菜种子
- 一些竹竿
- 一些细线
- 剪刀
- 1 把铲子
- 1 个托盘
- 水
- 12 个小罐子或者厕纸卷筒

温馨提示：使用剪刀、铲子时一定要注意安全，必要时可请家长帮忙。

第（一）步

把 4 个小罐子或者厕纸卷筒放在托盘上，然后往里面装满混合肥料，最后用手指在肥料上戳几个几厘米深的小洞。

第（二）步

在每个小洞里都撒上一些西红柿的种子，用混合肥料覆盖所有的种子，然后在上面浇适量的水，让肥料变得湿润，但不要完全浸湿。

第（三）步

把托盘放在一个阳光充足，但有遮阴的地方，比如，窗台就是一个很好的地方。然后每天检查一下，看肥料是否湿润。几天之后，幼苗就会长出。如果同一个小罐子里有 2 颗种子发芽并长出了幼苗，那就把弱小的一棵幼苗拔掉。

第（四）步

当罐子或厕纸卷筒里的幼苗长到几厘米高的时候，你就可以把它们移植到你的花园或者大花盆里啦。但在此之前，你需要花几天时间，白天把托盘搬到室外，晚上再把托盘搬回室内。这种操作可以帮助幼苗适应室外的温度。

第（五）步

在花园或者你的大花盆里挖4个坑，坑的大小要和你种西红柿幼苗的罐子或厕纸卷筒的大小一样。另外，确保4个坑之间的距离在45厘米以上。

第（六）步

把罐子里的西红柿幼苗和混合肥料一起倒出来，种在你挖好的4个小坑里。如果你用的是厕纸的卷筒，那就可以直接把整个卷筒埋到坑里，因为这些卷筒会在土壤里分解。把幼苗周围的泥土压平整，然后在每棵幼苗旁边插上1根竹竿。别忘了定期给它们浇水哦。

第（七）步

当西红柿幼苗长高一些之后，你就可以用准备好的细线把它们松松地绑在竹竿上了。这样做可以为西红柿幼苗提供有力的支撑。

第（八）步

接下来，用同样的方法播种8颗生菜种子。把生菜幼苗种在西红柿幼苗之间，因为西红柿幼苗会长得很高，可以给叶子娇嫩的生菜提供必要的阴凉。再过几个月，你就可以吃到自己种的生菜和西红柿了！

问题：
土壤流失

如果你认为泥土就是平时你不小心弄到鞋子上，然后被无意中带回家里的那些东西，那么你和大多数人一样，其实并不在意我们赖以生存的土壤。实际上，土壤是庄稼种植和生长必不可少的基础。但不幸的是，农业现在的耕种方式正在侵蚀我们的土壤。这将给未来带来严重的灾难。

地球上有大约 **33%** 的土地已经退化，这些土地已经丧失了生态平衡，也丧失了原有的生产力。

流失的土壤

在密集型农业生产活动过程中，地表的自然植被会被清理干净，以便施肥、除草和增加空气流通。但是，在耕作的过程中，一旦庄稼被收割，土地就会立刻变得光秃秃的。靠近表层的土壤会被风吹走，被雨水冲走。随着时间的推移，覆盖大地的土层会越来越薄。

未来的土地

随着土壤不断流失，土地的生产力逐渐下降，能种出的农作物会越来越少。世界各地的土地生产率都呈现出下降趋势。在一些国家，下降的速度尤为突出，以肯尼亚为例，在过去 30 年间，这里的土地生产率下降了近 40%。这将降低农业为不断增长的人口提供足够食物的能力。

气候变化

土壤流失也会导致气候变化。植物在生长的过程中会吸收空气中的二氧化碳，其中一部分用来供应植物的生长所需，还有一部分会被植物储存在土壤当中。如果土壤没有受到侵蚀，就能将碳元素保存在其中。但当土壤受到侵蚀时，它就会重新把碳元素释放到大气之中，加剧气候变化。

洪水

土壤结构健康时，可以吸收大量的雨水。但是，当它在犁地过程中变得破碎不堪，在流失过程中越变越薄的时候，也就失去了吸收和储藏雨水的能力。这意味着，在土壤流失严重的地区，大雨可能演变成洪水，这将严重威胁人们的生命和财产安全。

全球土壤碳库高达**1.5万亿~2.4万亿吨**

好消息是，我们确实有办法在保障粮食生产的同时，又能保持土壤健康。这一切都要从了解土壤的形成过程开始。

认识土壤

土壤是岩石风化而成的矿物质、腐烂的动植物、真菌、细菌、空气和水等的混合物。土壤在地球生态系统中扮演着非常重要的角色。根据所含矿物质和有机物成分的比例不同，土壤可以分成很多不同类型。

沙土

黏土

沙土质地疏松易碎，渗水速度快。黏土质地密实，能保持更多的水分。

关注点：

土壤的形成

土壤的形成是一个缓慢的过程。仅仅2厘米的土层，就需要几百年的时间才能形成。所以，受到侵蚀的土壤不能快速地更新替换。

薄薄的皮肤

土壤就像一层薄薄的皮肤，覆盖在地球表面。各个地区土壤的厚度不同，有的地区只有几厘米，但有的地区可能会达到2米。向土壤下方挖掘时，你会发现不同的层理。

土壤层

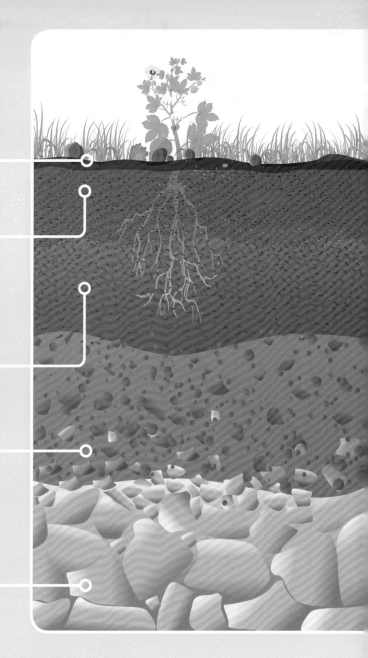

土壤的最表层是有机层。这部分全部是有机物质，如落叶、树枝等。

表土层是第二层，营养丰富，有利于植物的生长。这一层由有机物质和矿物质混合而成。

表土层下面是底土层，主要由岩石颗粒、黏土以及一些矿物质和有机物质组成。

这是一层破碎的岩石。随着时间的推移，这些岩石会不断受到侵蚀，逐渐形成上面的底土层。

最底部的一层是坚硬的基岩。

土壤的稳定性

土壤可以是疏松易碎的，也可以是紧致厚实的，这取决于成土的岩石种类。不同种类土壤中的有机物质含量各不相同。有机物质可以被看作是能把土壤中的物质黏合在一起的"胶水"。人们耕作时，会先犁地。这个过程会把整块土壤打散，让更多空气进入土壤当中，让有机物质得到更充分的分解，在一段时间内提高土壤肥力。但这也会让土质变得更加疏松，减少了作为"胶水"的有机物质，土壤会更加容易流失。

解决它！
保护土壤

犁地主要是为了把肥料掺入土壤中，同时除掉杂草。但是，犁地也会破坏土壤结构，让土壤流失得更快。收获庄稼后田地裸露，会让土壤更容易被雨水冲走。专家们已经开发出一种让农民在耕种的同时也能保护土壤的方法。看看下面这些事实，你能想到专家们开发出的是什么方法吗？

事实一

小麦、大豆等粮食作物在春季播种，秋季收获。

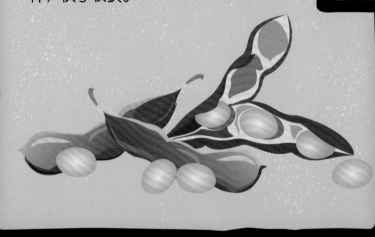

事实三

覆盖物能够有效阻止杂草的生长，因为将稻草或者其他植物材料铺在土壤表面之后，生长在下面的杂草就无法接收到阳光的照射，无法再继续生长。

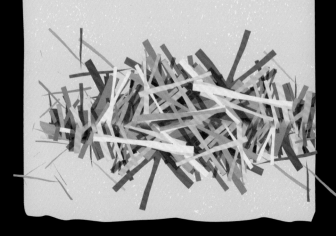

事实二

秋季种植覆盖作物，如黑麦。

事实四

植物材料制成的土表覆盖物在腐烂之后，会让土壤变得更加肥沃，就像在自然生态系统中，落叶会让土壤变得更加肥沃一样。

事实五

植物在地表生长，就能保护土壤免受大风和雨水的侵蚀。

你能解决它吗？

仔细想想上面提到的这些信息。既然表面裸露会导致土壤流失，那么农民怎样才能保证土壤始终被植物覆盖呢？大自然是怎样恢复土壤养分的？我们可以利用什么作物来恢复农田中的土壤养分？

▶ 保持地面覆盖对杂草生长会产生什么影响？

▶ 为农民伯伯写一个计划。

列出每个季节要种植的农作物，以及收获之后如何处理这些农作物，以保护土壤不受侵蚀。

还不是很确定？翻到第 43 页看看答案吧。

试试看！土壤流失小实验

利用这个小实验来看看土壤流失会在怎样的情况下发生，以及我们可以尝试采用怎样的方案来防止土壤流失。如果有需要，你可以请家长帮忙切割塑料瓶。

你会用到：

- 6 个 2 升的塑料瓶
- 剪刀
- 4 株小型盆栽植物，如罗勒
- 几把稻草
- 一些花园土壤和盆栽堆肥的混合物
- 细绳
- 水
- 量杯
- 强力胶布

第（一）步

分别在 3 个塑料瓶的侧面剪出 1 个大小相同的长方形开口，把它们做成可以种植植物的容器。

第（二）步

用胶布把瓶子固定在桌子或者其他物体的表面上，防止瓶子四处滚动。固定的时候要让瓶颈伸出桌子边缘。

第（三）步

使混合好的土壤填满 3 个瓶子。让第一个瓶子的土壤裸露在外面。给第二个瓶子的土壤表面铺上一层厚厚的稻草，并把稻草压平、压实。

第（四）步

把准备好的 4 株植物紧密地种植在第三个装满土壤的瓶子里。种的时候要把土壤压紧实，创造出一个让植物茂密生长的空间。

第（五）步

把剩下的 3 个塑料瓶的上半部分剪下来，留下下半部分，做成 3 个塑料小桶。在每个小桶的边缘，戳 2 个对称的小洞。

第（六）步

用细绳穿过塑料小桶边缘的 2 个小孔，在两端打上绳结，给每个小桶都做 1 个绳子提手。然后把这些带提手的小桶挂在其他 3 个被当作花盆的瓶子的瓶颈上，让小桶从桌子边缘吊下来。

第（七）步

用量杯把等量的水均匀、缓慢地倒进每个花盆瓶当中。观察相同时间内从瓶子里流到小桶里的水的量和颜色。每个花盆瓶中有多少土壤流失了？通过这个实验，你知道最好的防止土壤流失的方法了吗？

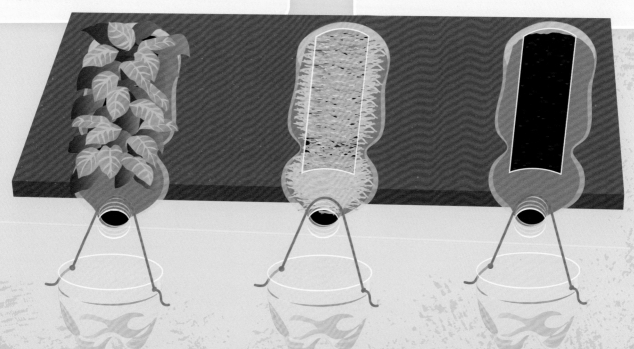

面临威胁的授粉者

你喜欢吃草莓吗？那苹果、梨、桃、巧克力、茶或者咖啡怎么样呢？你知道吗，世界上大多数水果、蔬菜和坚果都需要蜜蜂和蝴蝶等昆虫进行授粉才能正常生长，结出果实。但不幸的是，现在我们的耕种方式正给蜜蜂、蝴蝶等昆虫带来严重的生存威胁。

必不可少的昆虫

昆虫是地球生态系统中非常重要的组成部分。它们支撑着许多条食物链，鸟类和蝙蝠的主要食物都是昆虫，猫头鹰、狐狸等食肉动物也会采食昆虫。不仅如此，昆虫在植物授粉中也扮演着极其重要的角色，大多数植物只有经过授粉才能结果和繁殖，进而继续为昆虫、鸟类和别的动物提供食物。但不幸的是，近年来，全球昆虫的数量呈现出大幅度下降的趋势。

养育人类

除了支撑自然生态系统之外，昆虫还是帮助农作物结出果实的主要授粉者。而人类所食用的粮食，很多都要依靠授粉者才能收获。要是授粉者完全消失，人类将无法养活自己。

德国昆虫学家发布的最新数据显示，在过去的 27 年间，德国飞行昆虫的数量下降了 **75%**。

栖息地丧失

现在的农业生产模式会导致授粉者的数量下降。首先就是栖息地被破坏。在密集型单种栽培农业区，昆虫没有足够多可以食用的植物。昆虫在一年的时间中，需要采食不同花的花粉和花蜜喂养自己和后代。但是在密集型单种栽培农业区，所有自然的野花都被清除了，而单种栽培的农作物只在一年中的特定时期提供花粉和花蜜。

杀虫剂

杀虫剂是授粉者面临的又一个问题。在密集型单种栽培农业区，破坏农作物的害虫数量会激增，因为这些害虫的天敌已经与自然生态系统的其他部分一起被清除掉了。所以，人们会使用大量的杀虫剂控制害虫数量。但杀虫剂也常常会伤害那些有益的授粉者。

关注点：
杀虫剂

杀虫剂是喷洒在农作物上以杀灭害虫的化学物质。然而，杀虫剂也会对人类的健康和周围的生态系统产生负面影响。

植物、授粉者和生态系统

你见过大黄蜂吗？当它们从一朵花飞到另一朵花上的时候，身上细密的绒毛上就会覆盖一层黄色或橙色的花粉。蜜蜂和其他昆虫会到花丛中采食花粉，为幼虫收集制作食物的原料。在这个过程中，它们身上所携带的不同植株的花粉就能得到传播，植物经过授粉也就能够结出果实和种子，继续繁衍下去。

一只蜜蜂一天可以采食大约 500 朵花的花粉。

开花

植物开花的一个重要目的，就是吸引授粉的昆虫。鲜艳的花瓣和甜蜜的花香会向路过的蜜蜂、蝴蝶和其他昆虫发出信号：花朵里藏着富含能量的花蜜。就这样，植物和昆虫相互依赖，共同生存，生生不息。

结果

花粉是由花朵雄蕊上的花药产生的。当蜜蜂或者其他昆虫把花粉从一朵花带到另一朵花上时，花朵的雌蕊就会接收花粉。花粉附着在雌蕊的柱头上，长出花粉管进入子房。在这里，花粉管中的精子使胚珠受精，胚珠再发育成种子，花朵的子房就会发育成果实。但如果授粉没有成功，植物就不能结果。

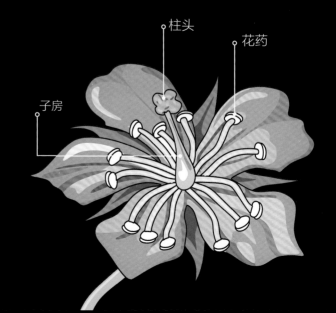

柱头
花药
子房

害虫

还有一些昆虫，如毛毛虫和蚜虫，也会"拜访"我们的农作物。它们会吃掉农作物的叶子或者吸取农作物茎干当中的汁液，影响农作物的正常生长。在野外，在健康的自然生态系统中，这些害虫的数量会受到捕食者的控制。

关注点：
捕食性昆虫

有一些昆虫，如瓢虫、草蛉和寄生蜂等，会捕食蚜虫和毛毛虫等小·昆虫。

瓢虫

草蛉

共生

生态系统是一个各个元素相辅相成、共同协作的系统，包括某一个特定地区的所有生物和非生物。一个健康的生态系统能形成良性的自我循环。只要接收到来自太阳的能量，生态系统中的其他营养物质以及水分就可以进入循环系统当中。同时，生态系统中的每一个物种都能成为猎食者或者猎物，完整多样的食物链也会帮助保持生态系统中其他部分的平衡。

解决它！
授粉者友好型农业

在如今密集型单种栽培的农业系统当中，授粉者的数量太少。与此同时，害虫的数量也失去了控制。但是，用来杀灭害虫的杀虫剂最终也会伤害有益的授粉者。一些种苹果树的农民已经开始使用一种既不妨碍授粉者生存，又能有效杀灭害虫的方法。你知道是什么方法吗？

事实一

苹果树只有在被授粉之后才能长出苹果。

事实二

蜜蜂和其他授粉者需要不同种类的野花供应全年的食物。

事实三

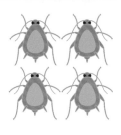

蚜虫是一种常见的苹果树害虫。

事实四

捕食性昆虫，如瓢虫和草蛉，会吃蚜虫。

事实五

授粉者和捕食性昆虫会在诸如茂密的草丛、高大的树木、倒下的树枝和篱笆等地方筑巢和生活。

你能解决它吗？

请你想象一片苹果园，里面都生长着什么？利用上面这些信息，你会给经营这个苹果园的农民伯伯怎样的建议呢？

▶ 把你的想法画在一张海报上。

还不确定？翻到第44页看看答案吧。

面临威胁的授粉者

试试看！
昆虫小调查

在这个小实验中，你将通过制作一种叫作"吸虫管"的捕虫装置，探索在哪种环境中有着最为丰富的昆虫物种。

你会用到：

- 1个带盖子的透明塑料小桶
- 1把剪刀
- 1根可以弯曲的吸管（越弯越好）
- 1小块尼龙紧身衣布料
- 1根橡皮筋
- 1块橡皮泥
- 1把卷尺

第（一）步

用剪刀在塑料小桶的盖子和底部中央戳 2 个小孔。为了安全，建议你向家长寻求帮助。

第（二）步

把小孔剪大一些，大小要和吸管保持一致。然后从吸管上剪下一段6厘米长的短吸管。

第（三）步

用橡皮筋把尼龙紧身衣布料绑在较长那段吸管的末端。

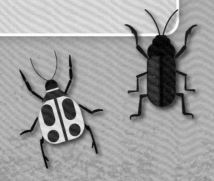

第④步

把那段 6 厘米长的吸管插进小桶底部的小孔中，记得留一截在外面。然后用橡皮泥把吸管和小桶之间的缝隙填充起来。

第⑤步

把剩下的那段吸管折弯，然后让固定了尼龙紧身衣布料的那一段朝里，让吸管穿过小桶盖子上的孔。同时，把折弯的那部分留在小桶外面。

第⑥步

同样用橡皮泥填充盖子上的小孔和吸管之间的缝隙，然后把盖子盖到小桶上。

第⑦步

当你想要用这个吸虫管捕捉昆虫的时候，你只需要把短的那段吸管对准你想要捕捉的昆虫，然后在长吸管这边用力吸气，昆虫就会被吸进小桶当中。然后，你就能透过透明的小桶观察自己捕捉到的昆虫了。

第⑧步

带着你的吸虫管到不同的地方，比如，一片灌木篱笆旁、一座长满青草的公园或者是一片树林当中。看看在 1 平方米范围内，你能发现和认出多少种不同的昆虫，什么环境当中的昆虫种类最多，哪个种类的昆虫数量最多。最后，要小心地把你捕捉到的昆虫再放回自然环境当中去，不要伤害它们。

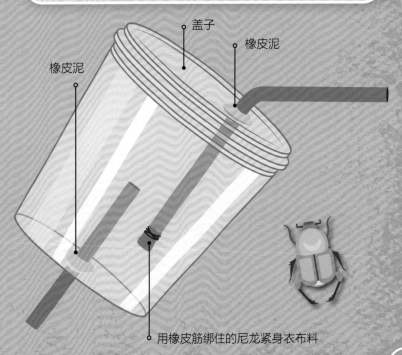

盖子

橡皮泥

橡皮泥

用橡皮筋绑住的尼龙紧身衣布料

问题：
植物多样性丧失

现在，请你想象一根香蕉。它是什么颜色的？味道如何？也许，你很容易就能回答这个问题。接下来，你再想象一个苹果。它是什么颜色的？是甜的还是酸的？可能这个问题会有很多不同的答案。因为，和香蕉不同，我们总是能在超市货架上看到很多不同种类的苹果。有红的，也有绿的；有甜的，也有酸的。但是，对于香蕉而言，好像永远就只有那一个种类。其实，缺乏种类多样性，是整个人类食品系统中非常突出的一个问题。

关注点：

香蕉

事实上，世界上的香蕉有上百个品种，各个品种的大小和颜色都不相同，就跟苹果一样。但在世界各地出口的香蕉中，有95%都是一种叫作"卡文迪什"的品种。

95%

单一的供应品种

20 世纪初，蔬菜供应商种植和销售的莴苣、西红柿、南瓜等蔬菜，都有上百个品种，但是，自从超市和密集型单种栽培农业普及之后，市场上供应的蔬菜品种就大大减少了。不管你走进哪家超市，你会发现里面售卖的水果和蔬菜品种其实都大同小异。

不安全的系统

　　你可能会想："蔬菜和水果的品种少一些，能有什么大不了的呢？"问题在于，就像在自然生态系统当中一样，生物多样性是决定生态系统健康以及可持续发展的重要因素。比如，如果卡文迪什香蕉受到一种新型疾病的影响，那世界上绝大部分的香蕉供应就会迅速紧缺。在一个气候变化不断加剧的世界里，我们只有确保存在不同的蔬果品种，才能确保在新的气候条件或者疾病威胁下，仍然有蔬果品种能够继续存活下去。

在 20 世纪，75% 的可食用作物品种灭绝了。

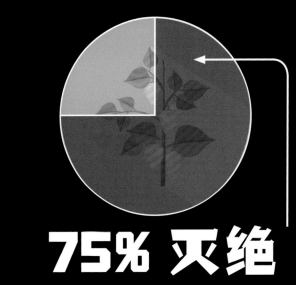

75% 灭绝

小麦和玉米

　　对于小麦、玉米等人类主要的粮食作物来说，生物多样性的丧失也是一个严峻的问题。大多数密集型种植的粮食作物的种子，都是由育种公司培育出来的，都是尽可能整齐划一的。统一的品种不利于做到因地制宜。现在气候和环境变化非常迅速，保护并进一步培育那些能够应对气候和环境变化的品种，是非常重要的事情。

进化与遗传

你长得像你的爸爸妈妈吗？也许你有和爸爸一样的鼻子，或者有和妈妈一样漂亮的眼睛。你们之所以会如此相像，秘密就是遗传：身体特征会由父母传给后代。植物也会从自己的亲代那里继承一些特征和性状。

有用的特征

进化也解释了不同种类的植物和动物是如何生存发展的。生物会四处移动：动物会迁徙，植物的种子会传播到各个地方。有一些特征，在一个地区也许会很有用，但是在其他地区却没有任何用处。举例而言，一种植物从土壤丰沃的地域，传播生长到沙地上时，只有生长出更加健壮的根系，才能够在沙地上存活下来。

关注点：

进化

进化是指随着时间的推移，生物性状发生改变的过程。进化是通过一种叫作"自然选择"的作用完成的：更适应环境的生物能够更好地生存并繁衍很多的后代，因此，能够适应自然环境的生物就能存活下来，并且使它们这一种群繁衍壮大。

人工选择

人类可以通过人工选择或者育种来加速自然选择的进程。我们可以保留那些最强健的植物或者最多汁可口的水果的种子，确保明年种植的农作物具有这些特性。或者，我们也可以尝试用植物中具有果实多汁特性的某种植株给具有耐寒特性的植株授粉，创造出同时具有这两种特性的植株后代。

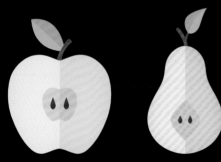

繁育和生物多样性

几千年来，人类一直在繁育具有理想性状的可食用植物。这就是供我们食用的庄稼和它们的野生亲戚看起来大不相同的原因。人类繁育的植物能够很好地适应当地的环境，而环境也是缔造如此丰富的物种多样性的首要因素。但别忘了，人工育种是一把双刃剑，它既能改善植物多样性，也会破坏植物多样性。

风险

在繁育过程中，植物或者动物的某种性状会被人类有意地加强，比如，人们会选育那些麦穗更加饱满的小麦。这也就意味着，繁育者会选择那些性状更为相似的亲代进行繁育，但这样会减少后代的遗传多样性。这样做其实有很大的风险，当一种新型疾病袭来，如果整个种群都没有能够对此产生抵抗力的基因，那么整个种群都有可能消失。

解决它！能够应对气候变化的农业

在未来，整个世界范围内的天气状况都会发生改变。一些地区会变得更加干旱，而其他地区的降水则会空前增加。一个可持续的食品系统需要适应多变的气候，这就需要生物多样性作为保障。那么，农民、消费者和科学家应该怎样做，才能确保我们的食品系统的安全呢？

事实一

大型育种公司会培育和销售农作物的种子。为这些公司工作的科学家有大量的科研经费，但他们往往只专注于培育统一、单一的植物种子。

事实二

农民可以保存很多不同种类的农作物种子，以便再次进行种植和繁育。然而，保存种子的成本很高，而且种植后的产量也没有第一年高。

事实三

从大型育种公司购买种子的农民往往会大面积种植同一种农作物，依靠种植这种单一品种的农作物谋生，但这些农作物往往只能在特定的天气条件下良好地生长。

事实四

消费者经常会到超市购买食物，但超市里的蔬果品种往往十分单一。而那些不是用大型育种公司销售的种子种植出来的农作物，就有可能因为人们不想购买而逐渐灭绝。不过，超市外面的农贸市场、菜市场和菜篮子工程便民店中常常会有更多品种的蔬果销售。

 ## 你能解决它吗？

仔细想想现在人们工业化培育、种植和购买农作物的方式。

▶ 气候变化对这个食品系统会产生什么威胁？

▶ 种子供应商、农民和消费者可以做些什么？

设计一张海报，画出育种公司的科学家、农民和消费者可以采用什么措施保护我们的食品系统，让它免受气候变化的影响。

还是想不出来？翻到第 45 页看看答案吧！

试试看！
"传家宝"西红柿

老品种的农作物有时候又会被称为"传家宝"或者"祖传品种"，其实指的都是它们优质的种质资源。在这个小实验当中，试试看从早春季节开始，在不同的生长条件下种植几种不同类型的"传家宝"西红柿吧。

你会用到：

- 2个西红柿种植袋，或者2个同样大小、有一定深度和底部有排水孔的花盆
- 混合肥料
- 1把铲子
- 6个小盆或者厕纸卷筒
- 1个托盘
- 水
- 一些竹竿
- 1捆细绳
- 1把剪刀
- 2种不同的"传家宝"西红柿种子（网上可以买到）
- 液体西红柿肥料

第（一）步

选择几个你感兴趣的"传家宝"西红柿品种。你可以从网上搜索，找到售卖"传家宝"西红柿种子的店铺，看看哪个品种最有趣，也许是紫色，或者是白色的那种。

第（二）步

把你挑选好的西红柿种子种在准备好的小盆或者厕纸卷筒当中。首先，将容器放在托盘上，再装满混合肥料，然后再用手指在每个容器中央戳一个种种子的小坑。

第（三）步

在3个小盆或者厕纸卷筒里种上一个品种，在剩下的3个容器中种上另一个品种。记得在每个小坑里都放上若干粒种子，因为只种1粒，它有可能不会发芽。种下种子，把小坑埋起来。

第（四）步

种好种子后浇上水，把它们放在阳光充足又可遮阴的地方。每天观察一下种子，看看哪个品种的种子生长得快。

第（五）步

当幼苗长到几厘米高的时候，你就可以在白天把它们放到室外，让它们适应室外的气候，晚上再收回来。几天之后，就可以进行下一步了——把幼苗移植到室外的大花盆或者种植袋当中。为了测试植物在不同条件下的生存能力，要在两个容器当中分别种上不同品种的西红柿幼苗。最后，用细绳把西红柿幼苗松松地绑在插入土壤中的竹竿上，给幼苗提供更多支撑。

第（六）步

给其中一个花盆或者种植袋当中的西红柿幼苗浇较少的水，看看这会对不同品种的"传家宝"西红柿产生什么影响。在不同的浇水条件下，一种西红柿幼苗会生长得比另一种更好吗？

第（七）步

给两个容器中的西红柿幼苗施加等量常规质量的液体肥料，看看哪个品种生长得更快。会有一个品种更早结出果实吗？当西红柿成熟后，把它们摘下来，尝尝味道，看看哪种西红柿更好吃。

竹竿

混合肥料

有一定深度的花盆或者种植袋

未来的农业

一些大型国际组织，以及世界各国的政府、公民，都已经逐渐意识到，人类目前的耕种方式是不可持续的，所以，我们将会看到越来越多的农业变革。以下是人们为了应对气候变化和增加的粮食需求，而正在使用和努力研发的一些创新技术。

沙漠技术

怎样才能在靠海的沙漠当中种庄稼？答案是，将海水淡化，也就是把海水中的盐分过滤出去，再用于农业生产。这项技术已经在澳大利亚的干旱地区投入使用。海水淡化是一个能源消耗量特别大的过程，用化石燃料进行海水淡化其实并不环保。但是，在炎热、阳光充足的地区，可以将太阳能作为驱动实现海水淡化。这样，就算是在干旱地区，我们也可以进行农业生产啦。

海洋农场

如果植物已经适应了生长在海水之中，那就没有必要再费功夫过滤海水中的盐分了。一些人认为海藻应该成为人们日常饮食中的重要食物，事实上，在亚洲的一些地区，这样的理念已经被广泛推行于烹饪之中了。数千种来自海洋的可食用植物可以用可持续化的方式进行种植。这些海洋植物中富含维生素、钙、蛋白质。同时，只需要很小的面积，就可以种植大量的可食用海洋植物。不仅如此，海洋植物还可以从大气当中吸收二氧化碳，帮助减缓气候变化。

多年生粮食作物

　　还有一些科学家正在培育多年生粮食作物。他们相信，多年生粮食作物能够更好地应对气候变化带来的挑战。现在，我们主要的粮食作物，如小麦和水稻，大部分都是一年生的。这意味着整株植物将在一年的时间之内完成生长，并被人类收割。但多年生粮食作物可以存活很多年，而且几乎每年都能够收获。不仅如此，多年生粮食作物不用每年都重新进行种植，这意味着它们可以长期地保护土壤。它们还能够长期与杂草进行竞争，因此农民就不用再额外使用除草剂。

全世界 **85%** 的卡路里都来自一年生粮食作物。

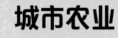

城市农业

　　随着全球越来越多的人口从农村迁移到城市当中，在人们居住的地方种植蔬菜和粮食是很有意义的。但是，在城市空间非常宝贵的情况下，怎样才能高效地种植庄稼呢？答案就是推行垂直耕作系统。人们把植物一排排地种植在水培凹槽当中，采用人工照明和人工灌溉的方式促使其生长。这样的室内农业可以利用很少的土地，在全年内不间断地进行农作物种植。

解决它！　种地不砍树　第 12~13 页

一种既能够保护栖息地，又能够让农民种植咖啡树的方法，就是树荫种植法。可以把矮小的咖啡树种在高大的树木之下，而不是直接砍伐雨林。这样做不仅能够保留鸟类的栖息地，为土壤提供保护，增加雨林的碳储存量，还能用自然平衡的方式控制害虫数量并改善咖啡树的授粉状况。

可供咖啡树生长的区域 →

农林复合经营

在森林里的树木下种植作物，而不是把森林里的树木全部砍伐掉的农业模式被称为"农林复合经营"。这种模式可以给农民和野生动植物同时带来更多的好处。在热带雨林地区，农民可以从生态旅游当中获得额外的收入。保护森林的生态平衡，还能让建筑材料和药用植物等持续生长，并获得持续的收获。

在野外，新生的植物都是在没有经过开垦的土地上自然生长出来的。通过复制植物在自然环境下的生长模式，农民可以在不破坏土壤也不大量使用除草剂的前提下进行耕种。这个系统是这样运作的：

春天

农民种植经济作物，如小麦或者大豆。

夏天

经济作物充分吸收光照，在夏日阳光下生长。

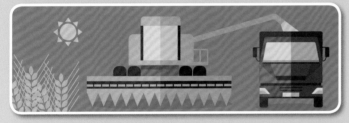

秋天

经济作物收获之后，它们的根茎还留在地里。在这个时候，把覆盖作物，如黑麦，种植在地上残留的经济作物根茎之间。

冬天

覆盖作物越冬生长，确保土壤得到充分的保护。

春天

第二年春天，覆盖作物要么被直接割下，要么被简单地压扁在地上，形成一层覆盖物。这时候种植新一茬经济作物，就可以直接把它们种在覆盖层上耕出的细沟里。因为沟以外的土壤都被覆盖了，杂草就失去了生长的空间。

解决它！ ▶ **授粉者友好型农业　第28~29页**

　　一个拥有自然的授粉者和捕食性昆虫的农场，植物能够在授粉者的帮助下进行繁衍，而其中害虫的数量也能得到控制，这样的农场才是一个健康的农场。农民可以在农田边缘和农作物之间种植鲜花、高大的草和修建灌木篱墙为这些昆虫提供筑巢和生活的场所，吸引它们进入农场。

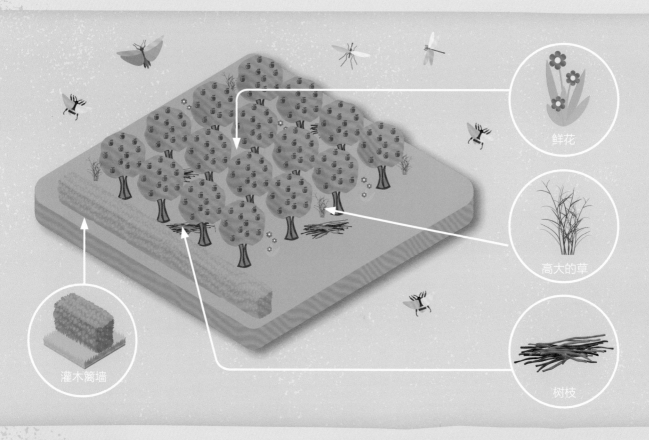

鲜花

高大的草

灌木篱墙

树枝

林下种植

　　通过在果树下种植鲜花，在果园边缘修建灌木篱墙，在果树间留下成堆的天然灌木，苹果园的农场主就可以为授粉者提供良好的栖息地和全年充足的食物了。种植任何农作物的农民都可以采用这样的方法，这不仅仅有益于昆虫生存，也有利于保持水土。因为土壤的养分能受到自然植被的保护，当降水来临时，土壤上的水流就会变小。

　　通过改变培育、种植和购买农作物的方式，我们就可以确保食品系统拥有足够的品种来应对气候变化带来的影响。

　　大型育种公司的科学家和研究人员可以通过研究和增强农作物的多样性来提供帮助。比如，在那些可能会因气候变化而变得更加干旱的地区，他们可以探索哪些品种的农作物更能够抵御干旱，茁壮成长。他们还可以从那些抗旱的品种中选育出更加强壮的新品种。

　　农民可以采购和种植不同品种的农作物，而不是从一家大型育种公司中购买单一品种的农作物种子。此外，他们还可以和其他的农民分享种子，让不同地域的品种能够相互交换遗传信息，进一步增加农作物品种的多样性。

　　消费者可以尝试购买自己不熟悉的水果和蔬菜，释放出对不同品种的农作物也有很大需求的市场信息。消费者还可以尝试走出超市，通过农贸市场、菜市场或者网络渠道，直接向农民购买不同品种的农作物。这样就能确保农民可以继续种植不同品种的水果和蔬菜了。

整体思考

统观全书，在你想到各种环保、可持续的解决方案的时候，你有没有发现，它们有一些共同点？它们其实都和自然最原初的状态有关。有一个专门的学科，叫作"农业生态学"。这是一门专门把生态学的概念和原理应用到农业系统的设计、开发和管理当中的科学。

点滴帮助

即便你不是农民，也不是农业生态学家，你仍然可以用自己的努力来解决问题。比如，让你的父母从当地的农贸市场中购买有机食品。你还可以在家里的花园里或者窗台上种植鲜花，或者在学校里启动一个在校园里种植鲜花的项目，为自然授粉者提供更多的食物。

保护环境，
从我做起。